Zuckerfrei Leben

Wie Sie durch Zucker Detox Ihren Alltag auf eine zuckerfreie Ernährung umstellen und so ihre Zuckersucht für immer beenden

1. Auflage 2018

HAFTUNGSAUSSCHLUSS

Der Inhalt dieses Buches wurde mit großer Sorgfalt geprüft und erstellt. Für die Vollständigkeit, Richtigkeit und Aktualität der Inhalte kann jedoch keine Garantie oder Gewähr übernommen werden. Der Inhalt dieses Buches repräsentiert die persönliche Erfahrung und Meinung der Autoren und dient nur dem Unterhaltungszweck. Der Inhalt sollte nicht mit medizinischer Hilfe verwechselt werden. Es wird keine juristische Verantwortung oder Haftung für Schäden übernommen, die durch kontraproduktive Ausübung oder durch Fehler des Lesers entstehen. Des Weiteren kann keine Garantie für Erfolg übernommen werden. Die Autoren übernehmen daher keine Verantwortung für das Nicht-Erreichen der im Buch beschriebenen Ziele.

Dieses Buch enthält Links zu anderen Webseiten. Auf den Inhalt dieser Webseiten haben wir keinen Einfluss. Deshalb kann auf diesen Inhalt auch keine Gewähr übernommen werden. Die verlinkten Seiten wurden zum Zeitpunkt der Verlinkung auf mögliche Rechtsverstöße überprüft. Für die Inhalte der verlinkten Seiten ist aber der jeweilige Anbieter oder Betreiber der Seiten verantwortlich. Rechtswidrige Inhalte konnten zum Zeitpunkt der Verlinkung nicht festgestellt werden.

INHALTSVERZEICHNIS

EINLEITUNG

Der Mensch liebt es süß und das nicht erst seit den letzten Jahren. Immer schon war die Süße bei Früchten und Pflanzen ein Zeichen dafür, dass sie ungehindert gegessen werden konnten, da sie nicht giftig waren. Doch in den letzten Jahrzehnten, in denen unsere Gesellschaft immer mehr zu einer Fast-Food-Gesellschaft wurde und oft gar nicht mehr selbst gekocht, sondern vermehrt auf Industrieprodukte gesetzt wird, wird auch der Zucker zu einem immer größeren Problem. So sind in einer Familie heutzutage beide Elternteile in einem Beruf, zum Kochen bleibt dann nicht mehr viel Zeit. Und auch in Single- und Paar-Haushalten geht es schneller mit fertigen Speisen nach einem anstrengenden Arbeitstag.

Doch der Zucker steckt fasst in jedem industriell hergestellten Nahrungsmittel, um den Geschmack zu verstärken. Wir haben uns mittlerweile so sehr an den Zucker gewöhnt, dass unser Körper nach immer mehr verlangt. Doch wer zu viel Zucker, in welcher Form auch immer, am Tag zu sich nimmt, bekommt mit der Zeit gesundheitliche Probleme. Natürlich benötigt der Körper zur Energiegewinnung ein geringes Maß an aufgenommenem Zucker, doch auch hier sollte immer auf die aufgenommene Zuckervariante geachtet werden. Denn auch wenn alles süß schmeckt, Zucker ist nicht gleich Zucker.

Genuss- und Nahrungsmittel zugleich, das ist Zucker. War in früheren Zeiten der Genuss von Zucker nur den Reichen vorbehalten, da es sich hierbei um ein Luxusgut handelte, so kann sich die süße Würze heute jeder leisten. Nicht nur in Süßigkeiten, sondern in vielen industriell hergestellten Lebensmitteln ist heute vor allem versteckter Zucker enthalten. Doch Zucker hat auch einen schlechten Ruf und gilt als Dickmacher, soll schlecht für die Zähne sein und manche Krankheiten begünstigen. In erster Linie ist Zucker jedoch ein Kohlenhydrat, dass der Körper für die Bildung von Energien benötigt. Doch wird zu viel Zucker aufgenommen, kann dies den Körper auch krank machen. Es ist wichtig, ein gesundes Mittelmaß zu finden, mit welchem dem Körper der Zucker zugeführt wird. Die Zutatenlisten machen es dem Verbraucher nicht leicht. Es wird von Glukose,

Dextrose, Fruktose und anderen auf -ose endenden Zutaten gesprochen. Hinzu kommen verschiedene Sirup-Arten, Dextrine, Milcherzeugnisse, Malze oder Fruchtzucker. Sogar hinter süßen Zutaten wie Honig oder Agavendicksaft versteckt sich Zucker in verschiedenen Formen. Der folgende Artikel befasst sich vor allem mit der Geschichte, den verschiedenen Namen und der Wirkung des Zuckers auf unseren Körper. Auch auf die Frage, ob ein zuckerfreies Leben möglich ist, wird hier eingegangen.

1. GESCHICHTLICHER EXKURS

1.1 DIE ANFÄNGE DER ZUCKERGEWINNUNG AUS ZUCKERROHR

Seinen Anfang hat der uns heute bekannte Zucker in Indien. Von hier stammen auch die ersten Belege der Zuckergewinnung durch die Nutzung des Zuckerrohrs. Unser heutiges Wort Zucker hat seinen Ursprung in dem altindischen Wort ‚sárkara', dass eigentlich alles Körnige bzw. auch alles Zerriebene bezeichnete. Später wurde der Begriff dann auf die körnige und trockene Masse Zucker übertragen.

Alexander der Große ist jedoch dafür verantwortlich, dass der Zucker später überhaupt aus Indien nach Europa kam. In Griechenland wurde das altindische Wort in ‚sakcharon' umformuliert, hiervon leitet sich dann auch der lateinische Begriff ‚saccharum' ab. So werden auch heute noch die pflanzlichen Zuckerarten als ‚Saccharose' bezeichnet.

Mit der arabischen Herrschaft kam der ‚sukkar' im Mittelalter dann nach Sizilien und Spanien und wurde dann in die romanischen Sprachen als ‚azúcar' im spanischen und ‚sucre' im französischen umbenannt. Über den Zuckerhandel von Venedig gelangten dann sowohl die Bezeichnung wie auch der Zucker nach Deutschland, aus ‚zucchero' wurde unser bekannter ‚Zucker'.

So lässt sich die geschichtliche Entwicklung des Zuckers wie folgt darstellen:

- bereits 8000 v.Chr. breitete sich die Zuckerrohrpflanze von Neuguinea nach Persien und Indien aus
- Der Indienfeldzug 327-325 v.Chr. von Alexander dem Großen brachte das Zuckerrohr nach Europa
- in Persien wird 600 n.Chr. eine Methode entwickelt, den Zucker aus dem Zuckerrohr zu gewinnen
- zwischen 650-750 n.Chr. kam das Zuckerrohr durch die Araber nach Sizilien und Zypern
- hier sowie auch in Spanien wird die Zuckerrohrpflanze nun kultiviert und angebaut

- 1096 begannen die Kreuzzüge, bei denen auch die mitteleuropäischen Kreuzfahrer die Pflanze kennen lernten
- ab dem 15. Jahrhundert wird die Zuckerrohrpflanze auch auf den Kanaren und den Azoren angebaut
- 1492 nimmt Kolumbus die Zuckerrohrpflanzen mit und bringt diese so nach Amerika
- im 16. Jahrhundert wird die erste Zuckerraffinerie in Augsburg eröffnet, es folgen weitere
- im 17. und 18. Jahrhundert dominieren die Niederlande, Frankreich und England die Zuckerherstellung
- durch den Sklavenaufstand in Santo Domingo Ende des 18. Jahrhunderts steigen die Zuckerpreise auf der gesamten Welt extrem an

1.2 Die Geschichte des Zuckers aus Zuckerrüben

Doch auch die Preußen waren in der Zuckergewinnung nicht ganz untätig. So fand Andreas Sigismund Marggraf, ein preußischer Chemiker im Jahr 1747 heraus, dass auch in der Runkelrübe die gleiche Substanz nachzuweisen war, wie im Zuckerrohr. Für die Versuche, aus eigenen, hiesigen Pflanzen Zucker herzustellen wurden Ahorn, Mais, Weintrauben oder auch Esskastanien herangezogen. In den folgenden Jahren wurde die Gewinnung immer weiter erforscht, bis schließlich ein Schüler Marggrafs, Franz Carl Achard seine Forschungsergebnisse König Friedrich Wilhelm III. im Jahr 1799 vorlegte. Dieser war begeistert und forderte größere Forschungen an. Gleichzeitig zu den Forschungen wurde in der schlesischen Gebirgsraffinerie Hirschberg zum ersten Mal Zucker aus Runkelrüben gewonnen und so der vollständige Beweis erbracht. Im Jahr 1801 wurde dann in Schlesien, im Ort Cunern, die erste Rübenzuckerfabrik errichtet. Achard befasste sich gleichzeitig auch mit der Zucht von Runkelrüben.

So gehen heute alle bekannten Sorten von Zuckerrüben auf diese ersten Forschungen und Züchtungen zurück.

Die Geschichte des Zuckers aus Rüben hielt in der damaligen Zeit jedoch nicht lange an:

- in den ersten Jahren des 19. Jahrhunderts kommt es aufgrund des Sklavenaufstands sowie der durch Napoleon eingerichteten Kolonialsperre zu einem Aufschwung der in der Gewinnung aus Zuckerrüben
- in diesen Jahren entstehen viele Rübenzuckerfabriken
- 1818/19 wird die Kolonialsperre wieder aufgehoben
- gewonnener Zucker aus Zuckerrohr überschwemmt wieder den Markt
- der Zuckerpreis bricht ein
- die entstandenen Zuckerrübenfabriken in ganz Mitteleuropa können sich nicht mehr halten und werden geschlossen

Doch die Zuckerproduktion aus Zuckerrüben wurde – im Gegensatz zu Deutschland – in Frankreich weiterhin durch den Staat gefördert und blieb als Industriezweig dort weiterhin bestehen. Auch in Österreich ging es mit der Rübenzuckergewinnung weiter und im Jahr 1829 wurde hier in Daschnitz der Würfelzucker erfunden. Nun begannen auch viele Firmen in den heutigen deutschen Bundesländern wieder mit der Gewinnung von Zucker aus Rüben. Für die breite Masse wurde Zucker dann ab 1850 erschwinglich, als der Preis aufgrund der Konkurrenz zwischen Rüben- und Rohrzucker immer weiter fiel. So wurde im Jahr 1880 das Kaiserreich zum Hauptexporteur von Rübenzucker, da hier mittlerweile 40 % des gesamten europäischen Rübenzuckers hergestellt wurden.

Die Firmen schlossen sich zusammen und gründeten Vereinigungen, auch der zweite Weltkrieg wurde überlebt und so ist der heute im hiesigen Handel zu findende Zucker in der Regel auch aus Zuckerrüben und nicht aus Zuckerrohr hergestellt. Aber auch andere Zuckersorten aus Maisstärke, Malzextrakten und anderen Produkten sind heute im Handel zu finden. Die Forschung wurde immer weiter vorangetrieben, um nicht nur von einer Pflanze zur Gewinnung von Zucker abhängig zu sein. Um möglichst zuckerfrei zu leben – und trotzdem nicht ganz auf den süßen Geschmack zu verzichten – werden heute auch immer mehr chemische oder pflanzlich gewonnene Süßstoffe hergestellt.

Die Lust auf Süßes liegt in der Natur des Menschen und kann somit auch auf die Steinzeit zurückgeführt werden. Damals war der Geschmackssinn noch viel stärker ausgeprägt, da es sich hierbei um das pure Überleben handelte. So waren und sind bis heute auch noch giftige und todesbringende Pflanzen bitter und warnten so mit ihren Bitterstoffen vor dem Verzehr. Süße Pflanzen und Früchte hingegen konnten gegessen werden. Aus diesem Grund bevorzugen wir auch heute noch die süßen Nahrungsmittel vor den bitteren oder sauren.

2. ZUCKER UND ZUCKERSUCHT

ZUCKERARTEN

2.1.1 Dextrose

Wer Dextrose hört, denkt im ersten Moment an Traubenzucker, der ja vermeintlich auch gesund sein soll. Das stimmt allerdings nicht so ganz, denn wer zu viel Traubenzucker zu sich nimmt, übersteigt den täglichen Zuckerkonsum, was wiederum der Gesundheit schadet. In dem Moment, in dem der Blutzuckerspiegel zu niedrig wird, etwa weil zu wenig gegessen wurde oder auch vor einer anstrengenden Prüfung kann Dextrose durchaus eine positive Wirkung erzielen. So steigt der Blutzuckerspiegel nach der Aufnahme wieder rasant an und das Gehirn bekommt einen Energieschub. Doch die Wirkung lässt auch schnell wieder nach, so dass es sich hierbei wirklich nur um ein Mittel im akuten Fall handeln sollte.

Denn unter dem Begriff Dextrose versteht sich Einfachzucker, der die gleichen chemischen

Merkmale aufweist, wie Blutzucker oder Glukose. Dextrose wird aus Mais gewonnen und findet sich häufig in süßen Backwaren sowie auch unter dem Begriff Maissirup in vielen industriell hergestellten Lebensmitteln.

Dextrose wird nicht nur als Zucker in den verschiedensten Speisen verwendet, er wird auch zu medizinischen Zwecken genutzt und in einer Lösung intravenös verabreicht. So kann die Dextrose in Verbindung mit anderen Medikamenten dazu beitragen, dass der Blutzuckerspiegel bei einer gefährdeten Person wieder erhöht wird. Bei der medizinischen Einnahme muss jedoch immer auf den behandelnden Arzt gehört werden. Die Dextrose darf nicht selbstständig verabreicht werden, da sie ansonsten in Überdosis auch einen schädigenden Einfluss auf den Körper haben kann.

Bei Dextrose handelt es sich um einen einfachen Zucker, der den Blutzuckerspiegel schnell ansteigen lässt. Doch es fehlt ihm in der Regel an Nährwert, das heißt, kurz nach dem Verzehr kommt es zu erneuten Hungergefühlen. So wird auch der "weiße Zucker" normalerweise aus einfachen Zuckern, wie

Dextrose, aber auch Fructose, Glucose oder Galactose hergestellt. Sogar der vermeintlich gesunde Honig beinhaltet überwiegend den Einfachzucker.

Dextrose-Pulver ist ebenfalls aus dem Sport bekannt. Dieser wird es in der Regel beim Bodybuilding verwendet, wenn die Muskeln vergrößert und so das Gewicht erhöht werden soll. Doch auch diese Anwendung sollte immer mit Vorsicht genossen werden.

Wird Dextrose in Lebensmitteln verarbeitet, dann sollte hierbei auf die genaue Menge geachtet werden. Da der Zucker aus der Stärke des Maismehls gewonnen wird, enthält er weder Vitamine noch Mineralien und ist daher in großen Mengen nicht gesund.

2.1.2 Saccharose

Die Saccharose ist ein großer Geschmacksträger und daher auch in vielen verschiedenen Lebensmitteln zu finden. Bei der Saccharose handelt es sich um den ersten, entdeckten Zucker aus Zuckerrohr wie er auch in den Zuckerrüben vorkommt. Daher wird die Saccharose bis heute aus diesen beiden Zutaten gewonnen und zu Kristall- oder Haushaltszucker verarbeitet. Da sich die Saccharose aus der natürlichen Photosynthese in den für die Zuckerherstellung verwendeten Pflanzen gebildet hat, handelt es sich hierbei um einen Zweifachzucker. Zweifachzucker sind aus den Zuckerarten Fructose und Glukose zusammengesetzt. Bei der Saccharose handelt es sich um ein Kohlenhydrat.

Dennoch ist auch die Saccharose, wie alle anderen Zuckerarten, nur mit Vorsicht und in Maßen zu genießen. Zwar werden die Kohlenhydrate auch aus der Fructose und der Glucose zur Umwandlung in Energie im Körper benötigt. Doch es handelt sich bei Saccharose vor allem um leere und ungesunde Kalorien, auf die der Körper nicht zwingend angewiesen ist und die so auch gesundheitliche Schäden hervorrufen können.

Da es sich bei der Saccharose um einen sehr starken Geschmacksträger handelt, der zugleich die Lebensmittel auch auf längere Zeit durch

Konservierung haltbar macht, ist diese in den meisten industriell hergestellten Lebensmitteln zu finden.

Und auch für den eigenen Haushalt ist die Saccharose vor allem in den folgenden Zutaten zu finden:

- Streuzucker
- Würfelzucker
- flüssigem Zucker
- Puderzucker
- Kandiszucker

So wird die Saccharose in allen handelsüblichen Zuckersorten verwendet. Aber auch in Lebensmitteln wie Fertiggerichten, Konserven, Limonaden, Marmeladen, Brot, Kuchen, Süßwaren und sogar diabetischen Lebensmitteln ist diese Form von Zucker enthalten. Meist werden in den industriell verarbeiteten Nahrungsmitteln mehrere Zuckerformen gleichzeitig verarbeitet.

Da es sich bei Saccharose um leere Kalorien handelt, sollte der tägliche Verzehr eingeschränkt werden. Das ist jedoch nicht immer einfach. Auch wenn Sie auf Zucker im Kaffee oder süße Getränke sowie

Schokolade verzichten, sind es doch die anderen Nahrungsmittel, die den Zucker in großem Maße dem Körper zuführen. Wer daher auf die Aufnahme von Saccharose verzichten möchte, der muss alles frisch kochen und zubereiten, was in unserem hektischen Alltag oft gar nicht möglich ist. Und auch die Industrie macht es uns in Bezug auf Saccharose nicht ganz einfach, denn oft ist es schwierig, den Zucker in den Zutatenlisten auf den Fertigprodukten zu erkennen.

2.1.3 Maltose oder Malzextrakt

Durch Aufspaltung von Stärke wird Malzzucker oder Maltose gewonnen. Als Grundlage hierfür dienen Kartoffel- und Getreidestärke, die Maltose wird vor allem bei Gärungs- und Brauvorgängen freigesetzt. Verwendet wird die Maltose dann in Malzextrakten oder Malzzuckersirup, vornehmlich in der Lebensmittelindustrie als weitere Zutat neben Dextrose und Saccharose. Doch auch die reine Maltose kann verwendet werden, vor allem in der chinesischen Küche wird viel mit Maltose gewürzt. Reine Maltose ist daher auch in den Asia-Läden erhältlich.

Die Maltose ist ebenfalls ein Kohlenhydrat und besteht aus Zweifachzucker. Nährstoffe, Vitamine, Eiweiße oder Fette sind in der Maltose nicht zu finden.

Wird der Malzzucker zu Sirup verarbeitet, wie zum Beispiel Hafermalz- oder Gerstensirup, dann kann er Spuren von Vitaminen enthalten. Dieser Sirup ist häufig in den Zutatenlisten der industriell gefertigten Lebensmittel zu finden und wird hier in der Regel unter dem Begriff Malzextrakt geführt.

Besonders in Broten, Süßwaren und Backwaren ist Maltose als Sirup zu finden. Denn es verleiht den Produkten einen Geschmack nach Karamell und Röstaromen.

Maltose wird zudem auch häufig bei der Herstellung von süßen Getränken verwendet, in erster Linie handelt es sich hierbei um ein Nebenprodukt der Bierherstellung. Aus Bier wird die Maltose weitgehend herausgefiltert, doch im Malzbier mit oder ohne Alkohol, und anderen Getränken auf Malzbasis wird diese oft verwendet. So wird den süßen Getränken auch Zucker in Form von Fructose-

Glucose-Sirup auf der Basis von Gerstenmalz zugesetzt.

2.1.4 Süßstoff vs. Fruktose

Fruktose steht in der Regel für Fruchtzucker und gilt daher auch als gesund. Natürlicherweise ist Fruktose auch in verschiedenen Gemüse- und Obstsorten enthalten. Dieser Zucker ist in der Regel nicht schädlich, sollte jedoch auch nur in Maßen aufgenommen werden, da auch hierin wieder viele Kalorien versteckt sind. Demgegenüber gibt es aber auch die hochkonzentrierte und isolierte Fruktose, die industriell hergestellt wird. Diese wird in vielen Fertigprodukten verwendet und gilt als sehr gesundheitsgefährdend. Vor allem Herz-Kreislauferkrankungen, Krebs, Diabetes, Gicht und natürlich Übergewicht werden auf die industriell hergestellte Fruktose zurückgeführt.

Früchte sind ja eigentlich gesund und daher sollten Produkte mit zugesetzter Fruktose eigentlich auch gesund sein. Doch das ist aufgrund der industriell hergestelllten Fruktose nicht der Fall. So ist es für den menschlichen Körper ein großer Unterschied, ob frische Früchte verspeist werden, die die natürliche Fruktose beinhalten. Oder aber Fertigkuchen, süße Getränke und Schokoriegel, die zwar mit Fruktose gesüßt sind, die allerdings mit der natürlichen Fruktose in den Früchten nicht mehr viel gemein haben. So werden die vielen industriell gefertigten Produkte immer häufiger mit Fruktose gesüßt, was den Verbraucher in Sicherheit wiegen soll, da es sich hierbei ja vermeintlich um einen gesunden Zucker handelt. Doch dem ist nicht so - In den industriell hergestellten Lebensmitteln befindet sich ungesunder, industriell hergestellter Fruchtzucker häufig auch in Form von Fructose-Sirup.

Menschen, die unter einer Fruktose-Intoleranz leiden, haben es in der heutigen Zeit schwer, da dieses Süßungsmittel in fast allen industriell hergestellten Produkten enthalten ist. Daher muss hier die Zutatenliste ganz besonders in Augenschein genommen werden. Denn nicht nur Früchte und verschiedene Gemüsesorten müssen in einem solchen Fall gemieden werden. Die Industrie hat in den letzten Jahren reagiert und bietet nicht nur aufgrund der vielen Kalorien die in Zucker stecken vermehrt Produkte an, die mit chemisch hergestelltem Süßstoff gesüßt wurden.

Sollten wir dann vielleicht doch besser mit Süßstoff süßen? Auch hier gibt es auf dem Markt mittlerweile viele verschiedene Produkte, die in der Regel auch chemisch hergestellt werden, jedoch keinerlei oder nur wenig Kalorien besitzen. Auch den Süßstoffen wird nachgesagt, dass diese dick machen, da sie Heißhunger auslösen könnten. Wer unter einer Fruktose-Intoleranz leidet, dem bleibt in der Regel gar nichts anderes übrig, als Produkte zu wählen, die einen Zuckeraustauschstoff beinhalten. Doch wie sieht es mit denen aus, die gerne Süßes mögen, ihren Zuckerkonsum aber einschränken wollen? Viele Austauschstoffe stehen hier zur Wahl:

- Acesulfam E 950
- Aspartam E 951
- Cylclamat E 952
- Saccharin E 954
- Thaumatin E 957
- Neohesperidin E 959
- Stevia E 960

Über alle diese Zuckeraustauschstoffe kursieren verschiedene Meinungen und Gerüchte. So sollen sie Krebserkrankungen begünstigen, was bis heute jedoch nicht wissenschaftlich erwiesen ist. Was allerdings bereits erwiesen ist, ist dass die Süßstoffe durchaus unseren Darm negativ beeinflussen können.

Doch letztendlich stellt sich die Frage, ob denn Süßstoff ungünstiger ist als industriell hergestellte Fruktose. Und hier kann davon ausgegangen werden, dass es besser ist, auf Zucker ganz zu verzichten und für den süßen Hunger ab und an mit Süßstoff zu süßen. So hat Süßstoff in verschiedenen Studien keinerlei negative Auswirkungen auf den Fettstoffwechsel im menschlichen Körper gezeigt und auch Risiken für Herz-Kreislauferkrankungen konnten nicht nachgewiesen werden.

2.2 Wo überall ist Zucker enthalten?

Zucker ist oft schwer erkennbar und in fast jedem industriell hergestellten Lebensmittel enthalten. Doch ist dies oft nicht offensichtlich, da sich der Zucker auf der Zutatenliste häufig auch hinter unbekannten Namen versteckt. Es ist jedoch wichtig zu wissen, in welchen Lebensmitteln Zucker enthalten ist - Die WHO (Welthandelsorganisation) empfiehlt nur eine tägliche Aufnahme von fünf bis zehn Prozent Kalorien in Form von Zucker. Wird dies besonders streng ausgelegt, dann sind dies lediglich 25 g Zucker pro Tag.

Zum besseren Verständnis: ein Stück Würfelzucker wiegt 3g, das heißt also, etwa acht Stücke Würfelzucker über den Tag verteilt sind für Erwachsene erlaubt. Bei Kindern sind es noch weniger.

Mit den industriell hergestellten Lebensmitteln ist es kaum möglich zu schaffen, diese geringe Menge der Zuckeraufnahme einzuhalten. Auch auf den Listen der Inhaltsstoffe wird der Zucker häufig anders benannt, so dass gar nicht bemerkt wird, wie viel Zucker hierin steckt. So werden wahre Zuckerbomben von der Industrie geradezu getarnt, der Verbraucher merkt so also gar nicht, wie viel Zucker er überhaupt zu sich nimmt. Klar ist das natürlich bei Schokolade und anderen Süßigkeiten,

Limonaden, Cola und Säften. Dass aber zum Beispiel auch industriell hergestellter, eigentlich gesunder Krautsalat ebenso viel Zucker enthält, ist vielen Verbrauchern nicht bekannt. So enthalten die folgenden industriell gefertigten Lebensmittel besonders viel Zucker:

- Würzsaucen (z.B. Ketchup, aber auch Balsamico-Essig-Creme…)
- Fertigpizza
- Currywurst
- Kartoffelsalat
- Alle herzhaften Speisen
- vermeintlich gesunder Fruchtjoghurt

Viele kennen das auch noch von ihrer Großmutter – auch wenn es sich um eigentlich würzige Speisen handelt – eine Prise Zucker rundet den Geschmack ab. Dies hat sich die Industrie zu Eigen gemacht, doch hier wird mit Zucker häufig übertrieben. Es kann davon ausgegangen werden, dass in jeder Salami, in jedem Stück Käse und auch in der Gulaschsuppe aus der Dose mehr oder weniger Zucker enthalten ist. Werden über den Tag mehrere dieser Lebensmittel aufgenommen, dann kann es zu einem täglichen

Überschuss der empfohlenen Zuckermenge schnell kommen. Wird zusätzlich der Kaffee noch gesüßt oder ein süßes Teilchen zum zweiten Frühstück gegessen, ist die Zuckermenge von 8 Stück Würfelzucker bereits schnell überschritten.

2.3 ZUCKERSUCHT

2.3.1 Warum macht der Zucker abhängig?

Warum haben wir Menschen so ein Verlangen nach Zucker und Süßem? Warum macht der Zucker unseren Körper sogar abhängig? Stellen Sie sich vor, Sie sind satt, aber vor Ihnen liegt noch ein Stück Ihrer Lieblingsschokolade. Ihnen läuft bei der Vorstellung der süßen Leckerei auf Ihrer Zunge bereits das Wasser im Mund zusammen und ehe Sie sich versehen ist das Stück auch schon in Ihrem Mund verschwunden. Doch woher kommt diese Gier nach Süßem und nach Zucker?

- Bereits Babys nehmen das Süße mit der Muttermilch auf

- Süße Lebensmittel sind niemals giftig – Das erkannten bereits unsere Vorfahren
- Zucker löst bestimmte Reaktionen im Gehirn aus

Nach derzeitigem Stand der Wissenschaft macht Zucker jedoch nicht süchtig, wie Alkohol oder Drogen dies im eigentlichen Sinne tun. Es kann jedoch zu einem sucht-ähnlichen Verhalten kommen:

Menschen, die denken, sie wären von Zucker abhängig, benötigen nur mehr Belohnungen. Daher sind auch Menschen, die eine innere Ruhe und Gelassenheit ausstrahlen und mit sich, ihrem Körper und ihrem Leben zufrieden sind, in der Regel nicht so sehr auf Süßes und Zucker fixiert. So kann es gerade auch in einem stressigen Lebenszeitraum zu vermehrter Zuckeraufnahme kommen. Doch wenn Sie bewusst Süßigkeiten zu sich nehmen und diese auch genießen, dann können Sie auch auf Zucker verzichten und einsparen. Das Gehirn kann hierbei auch mit ausreichend Schlaf und körperlicher Bewegung abgelenkt werden. Entzugserscheinungen, weil auf Zucker verzichtet wird, wie wir diese aus dem Drogen- oder

Alkoholbereich kennen, werden sich nicht einstellen. Im Gegenteil, der Körper wird positiv und mit mehr Energie auf den Zuckerverzicht reagieren.

2.3.2 Wirkung auf Körper und Gehirn

Durch die Aufnahme von Zucker wird vor allem das Belohnungssystem im Gehirn aktiviert. Bestimmte Stoffe, die für Wohlbefinden sorgen, werden durch die Aufnahme des süßen Stoffes freigesetzt. Vor allem wurden durch verschiedene Experimente nachgewiesen, dass gerade die Verbindung von Zucker mit Fett diese Wirkung noch unterstreicht, was die Vorliebe vieler Menschen für Schokolade erklären könnte.

Erwiesen ist, dass Menschen Belohnungen benötigen, um ihr seelisches Gleichgewicht zu halten oder auch wiederherzustellen. So wird der Körper uns immer verführen, Zucker zu uns zu nehmen. Hieraus kann sich dann durchaus eine Sucht nach Süßem entwickeln, wie dies bei der Vorliebe nach etwas Bestimmten häufiger der Fall ist.

Zucker kann jedoch der Gesundheit und dem Körper schaden, wenn hiervon zu viel aufgenommen wird. Denn er enthält viele Kalorien und in Verbindung mit Fett wird daraus sogar eine Kalorienbombe, die die Fettdepots nährt. Hinzu kommt, dass der Zucker schnell in die Blutbahn gelangt und den Insulinspiegel so rasant ansteigen lässt. Genauso schnell fällt der Insulinspiegel danach wieder ab und es kommt zu einem erneuten Hungergefühl.

Daher sollten Süßspeisen auch immer nur als kleiner Zusatz gegessen werden und nicht eine ganze Mahlzeit ersetzen. Ein überhöhter Zuckerverzehr über einen längeren Zeitraum führt in der Regel zu Übergewicht, kann aber auch ein großer Risikofaktor für Herz-Kreislauf-Erkrankungen sowie Diabetes sein.

2.3.3 Heißhunger und Entzugserscheinungen

Heißhunger und Entzugserscheinungen gehen bei einem Verzicht auf Zucker in der Regel vom Gehirn aus, das belohnt werden möchte. Jedoch sind körperliche Entzugserscheinungen bei Verzicht auf

Zucker nicht bekannt. Wer allerdings die Gewohnheit hat, täglich viel Zucker zu sich zu nehmen, der wird dies auch nicht von heute auf morgen einstellen können. Dies liegt allerdings mehr an der Gewohnheit als an einer Sucht. Wenn Sie daher Heißhunger auf Süßes entwickeln, dann verlangt Ihr Gehirn nach einer Belohnung. Geben Sie diesem Gefühl nach, allerdings in Maßen. In einem solchen Fall reicht es schon, nur einen Riegel Schokolade anstatt einer ganzen Tafel zu sich zu nehmen. Gleiches gilt auch für andere Süßigkeiten. Der Vorteil bei kleinen Portionen ist, dass diese sich nicht übermäßig auf den Körper auswirken, die Belohnungsreaktionen im Gehirn aber trotzdem ausgelöst werden. Anders, als bei einem Drogen- oder Alkoholabhängigen können Sie beim Zucker die aufgenommene Menge reduzieren und steuern.

3. Auswirkungen des Zuckerkonsums

Die Auswirkungen von Zucker auf Bauchumfang und Zähne sind wahrscheinlich jedem bekannt. Doch hierbei handelt es sich noch um die kleinsten Übel, denn der Konsum von Zucker hat noch weitaus größere Auswirkungen auf den gesamten menschlichen Körper, die Gesundheit und das allgemeine Wohlbefinden.

Immunsystem

Erwiesen wurde in zahlreichen Studien, dass der erhöhte Zuckerkonsum das Immunsystem schwächt und die Leistungsfähigkeit beeinträchtigt. Ist das Immunsystem allerdings geschwächt, kommt es zu einem schnelleren Befall von Parasiten, Pilzen, Viren und Bakterien im Körper. Dadurch wird der menschliche Körper auch ganz schnell anfällig für akute und auch chronische Krankheiten. Denn das Immunsystem hat die Aufgabe, den Körper vor einem solchen Befall zu schützen und bereits vor einem Ausbruch einer Krankheit einzugreifen. Wird es durch eine erhöhte Zuckeraufnahme geschwächt, wird es zu langsam und kann nicht mehr schnell genug reagieren. Der Körper spricht dann schneller auf alle möglichen Krankheiten an, die von einer harmlosen Erkältung über einen Magen-Darm-Infekt bis hin zu schwerwiegenderen Krankheiten wie im schlimmsten Fall auch Krebs reichen können. Der Prozess der Schwächung des Immunsystems durch einen ständigen erhöhten Zuckerkonsum verläuft in der Regel schleichend und unbemerkt.

Der Zusammenhang zwischen dem Zucker und dem Immunsystem wird zu spät erkannt. So kann es sein, dass ein Mensch sich oft krank fühlt und einen allgemeinen schlechten Gesundheitszustand hat, der vom geschwächten Immunsystem durch eine zu hohe Zuckeraufnahme begünstigt wird.

3.2 Diabetes

Ein hoher Zuckerkonsum kann Diabetes befördern. Warum es hierzu kommen kann, ist schnell erklärt. Bei Zucker handelt es sich um Kohlenhydrate, die der

Körper nicht mehr aus den zugeführten Speisen herausfiltern muss. Diese werden mit dem Zucker bereits wenige Minuten später vom Blutkreislauf aufgenommen. Sofort wird hier eine große Menge Insulin ausgeschüttet. Bei Insulin handelt es sich um ein Hormon aus der Bauchspeicheldrüse das vor allem die eine Aufgabe besitzt, den Zucker aus dem Blutkreislauf zu filtern und an alle Organe und Zellen im Körper zu verteilen. Diese können dann hieraus ihre Energie gewinnen. Wird jedoch immer mehr Süßes sowie auch vermehrt Zucker aus fertigen Lebensmitteln aufgenommen, dann kommt es nach und nach zu einem chronisch erhöhten Insulinspiegel. Hierbei spricht man von Diabetes Typ B, der eigentlich unter Alterszucker bekannt ist. Entgegen dem angeborenen Diabetes Typ A, bei dem die vermehrte Zuckeraufnahme keinen Anteil an der Beschleunigung der Erkrankung nimmt, kann Diabetes Typ B verhindert werden. Das hierbei auch von Alterszucker gesprochen wird, liegt daran, dass in früheren Jahren nur ältere Menschen hieran erkrankten.

In der heutigen Zeit sind jedoch bereits viele junge Menschen und sogar auch Kinder von der Krankheit betroffen. Dies ist überwiegend auf eine zu hohe Zuckeraufnahme des Körpers bereits seit Kleinkindertagen zuzuschreiben. So beginnt dies schon mit dem gesüßten Tee bei Säuglingen, zieht sich über das Kindergarten- und Schulalter hinaus bis hin zum Erwachsenwerden. Der Körper hat oft gar keine Möglichkeit, sich von dem erhöhten Zuckerkonsum zu erholen. Wichtig ist vor allem sich auch vor Augen zu führen, dass Diabetes in Verdacht steht, eine Alzheimererkrankung zu unterstützen.

3.3 Herz-Kreislauf

Selbst gesunde Menschen können bei einem zu hohen Zuckerkonsum ihr Herz gefährden und mit der Zeit eine Herz-Kreislauf-Erkrankung entwickeln. Doch wenn Zucker aufgenommen wird, denken viele nicht sofort daran, dass hiermit auch ihr Herz in Mitleidenschaft gezogen werden könnte. So wirkt sich der Zucker bereits nach 12 Wochen übermäßiger Aufnahme auf den Menschen aus. Insbesondere bereits erkrankte Menschen sind davon betroffen, da das Risiko für einen Schlaganfall oder Herzinfarkt besonders hoch sei.

Aber auch Menschen ohne vorherige bestehende Erkrankung sollten sich im Zuckerkonsum zurückhalten. Im Laufe der Zeit bildet eine schlechte Ernährung mit viel zuckerhaltigen Lebensmitteln viel Leberfett. Auch verändert sich der Fettstoffwechsel und birgt somit die Gefahr, einen Schlaganfall oder Herzinfarkt zu erleiden. So steigt tatsächlich auch das Sterberisiko mit einem erhöhten Zuckerkonsum an. Dies zeigte jüngst eine amerikanische Studie, die über Jahrzehnte den Zuckerkonsum sowie die Sterberate erforscht hat.

3.4 Psychische Gesundheit

Bereits im Jahr 2002 wurde in einer Studie herausgefunden, dass ein erhöhter Zuckerkonsum zu schweren Depressionen führen kann. Gerade Fast-Food, bei dem viel Zucker verwendet wird (wie z.B. Pizza, Burger und frittierte Lebensmittel) sind mit einer höheren Depressionsrate in Verbindung zu bringen.

Bei vermehrter Aufnahme dieser zuckerhaltigen Lebensmittel sind hier vor allem Jugendliche (aber auch zunehmend Senioren) gefährdet, an einer Depression zu erkranken. Es gibt aber auch Auswege: Menschen, die bereits unter Depressionen leiden, können durch eine Umstellung auf eine gesunde Ernährung mit Vitaminen, Mineralien und Omega-3-Fettsäuren diese in den Griff bekommen. Fakt ist, der Mensch greift dann zu Süßem, wenn schlechte Stimmung aufkommt. Doch das ist gerade der falsche Weg, weil die Glücksgefühle, die damit verbunden sind, nicht lange anhalten. Schnell fällt die gute Stimmung wieder in den Keller.

Jeder achte Mann und jede vierte Frau leidet einmal im Leben unter einer Depression und so gehören Depressionen zu den unterschätzten aber auch häufigsten Erkrankungen. Ob diese Depressionen eine Folge von einem erhöhten Zuckerkonsum sind oder ob die Erkrankten erst danach zu vermehrter Zuckeraufnahme neigten, wurde ebenfalls erforscht. Das Ergebnis hierzu ist eindeutig:

Bereits psychisch Kranke essen nicht mehr Süßes, als vor Eintritt der Erkrankung. Allerdings entwickeln vor allem gesunde Männer Depressionen und Ängste, wenn sie ihren Zuckerkonsum erhöhen. So bietet es sich an, den Zuckerkonsum mindestens zu halbieren, damit sich die Stimmungslage wieder aufhellen kann.

Dies liegt vor allem an dem Belohnungssystem im Gehirn, das schnell mit einer Zuckeraufnahme befriedigt werden kann. Bei dem Genuss von Süßen kommt es im Gehirn zur Ausschüttung von Dopamin, das allerdings nur für eine kurzfristige Befriedigung sorgt. Schnell wird dies mit weiterem Verlangen nach noch mehr Zucker abgelöst. Das Verlangen wird hochgeschaukelt – auch weitere Zuckergaben können dieses nicht befriedigen. Das führt dazu, das die Stimmung des Menschen leidet, was in weiterer Folge zu Depressionen und Schwermut führen kann.

4. MASSNAHMEN ZUR BEKÄMPFUNG DER ZUCKERSUCHT

Wer ohne Zucker leben will und die Zuckersucht bekämpfen möchte, muss sich bewusst mit der Ernährung beschäftigen. Die erste Regel hierbei ist, dass alles selbst und nur mit frischen Zutaten zubereitet werden sollte. Auch wenn sich dies im ersten Moment nach sehr viel Arbeit anhört, ist es doch nur eine Frage der Organisation. Heißhungerattacken auf Süßes müssen bekämpft und die richtigen Lebensmittel für die Ernährungsumstellung gewählt werden. Wer gemeinsam mit Freunden oder der Familie die Zuckersucht besiegt, ist nicht allein, gemeinsam kann vorbereitet, gekocht und gegessen werden. Das fördert neben dem besseren gesundheitlichen Befinden auch das Verbringen von gemeinsame Zeit mit geliebten Menschen.

RADIKALER SCHNITT - ZUCKER-DETOX

Die Ziele einer Zucker-Detox-Kur sollten sein, den Haushalts- und Industriezucker so weit wie möglich aus der Ernährung zu streichen und so auch das Geschmacksempfinden zu sensibilisieren. Hierbei sollte genau beobachtet werden, welche positive Entwicklung der Körper in einem solchen Fall nimmt. Dann sind auch entstehende Symptome der ersten Tage viel leichter zu ertragen. So kann nach wenigen Tagen der Zucker-Detox-Kur das Folgende festgestellt werden:

- das Hautbild verbessert sich
- der Schlaf wird besser
- die Energie kommt nach wenigen Tagen zurück
- Heißhungerattacken lassen nach wenigen Tagen nach
- das Geschmacksempfinden für natürliche Nahrungsmittel verbessert sich

Wichtig bei der Zucker-Detox-Kur ist vor allem, dass diese nicht bereits nach wenigen Tagen wieder beendet wird. Mindestens drei Wochen sollte auf Zucker verzichtet werden, dann zeigen sich die ersten Erfolge – Der Zuckerverzicht wird zur Gewohnheit, genauso wie es vorher Gewohnheit war, schnell zu etwas Süßem zu greifen.

4.2 Die richtige Wahl an täglichen Lebensmitteln

Um zuckerfrei leben zu können, müssen natürlich auch die gewählten Lebensmittel zuckerfrei sein. So ist es selbstverständlich, dass auf industriell gefertigte Lebensmittel weitgehend verzichtet werden muss, da hier immer Zucker verarbeitet wird, auch wenn es sich um herzhafte Speisen handelt. So ist Selbstkochen ein Muss bei einem Zuckerverzicht. Aber auch viele natürliche Lebensmittel besitzen ein gewisses Maß an Zucker, daher ist es wichtig zu wissen, welche Gemüse- und Obstsorten hier unbedenklich sind. So gehören zu den zuckerfreien Gemüsen zum Beispiel Artischocken, Auberginen, Blattsalat, Blumenkohl, Bohnen, Zwiebeln, Fenchel, Ingwer, Grünkohl und viele andere. Viele Obstsorten, wie Erdbeeren, Mandarinen und Nektarinen, aber auch Gemüse wie Paprika und Möhren enthalten viel Fruchtzucker. Doch dieser natürliche Zucker ist für den Körper nicht schädlich. Allerdings sollten süße Obst- und Gemüsesorten nur in einem geringen Maß auf dem Speiseplan stehen, damit sich der Geschmackssinn von zu viel Süßem erholen kann. Unbedenklich sind auch alle Vollkornbrote, wer jedoch die Zeit hat, backt sein Brot ohne Zuckerzusatz selbst. Ganz wichtig ist, dass die zubereiteten Speisen mit vielen frischen Kräutern gewürzt werden. Auf diese Weise wird der Geschmackssinn vom Süßen weg wieder in die richtige Richtung gelenkt.

4.3 Zähne putzen

Ein gutes Mittel, um Heißhunger gegen Süßes abzustellen ist es, die Zähne zu putzen. Allerdings wird hierfür auch die richtige Zahncreme benötigt. Diese sollte einen intensiven Minzgeschmack besitzen. Wer daher bei einem Hype auf Süßes schnell die Zähne putzt, kann das Stück Schokolade so umgehen. Genauso hilfreich ist es aber auch, in einem solchen Fall einen ungesüßten Pfefferminztee zu genießen oder zu einem zuckerfreien Kaugummi mit Minzgeschmack zu greifen. Denn wer nach dem Zähneputzen oder dem Genuss von Minze in anderer Form zu Süßem greift merkt schnell, dass das Süße dann gar nicht mehr schmeckt, weil der Minzgeschmack zu groß ist und alles überdeckt.

4.4 Stressfaktoren minimieren

Stress ist ein hoher Faktor für die Zuckeraufnahme. Denn gerade in sehr stressigen Situationen, die geistig, psychisch oder auch körperlich bedingt sein können, verlangt der Körper nach einer höheren Zuckeraufnahme. Stress kann in allen Lebenslagen vorkommen. Auch Menschen, die ansonsten innerlich sehr ruhig und gefestigt sind, können plötzlich in eine Stresssituation geraten, etwa wenn eine nahestehende Person verstorben ist. Doch immer muss auch zwischen ständig andauerndem Stress und nur durch bestimmte Situationen auftretenden Stress unterschieden werden.

Gerade der ständig andauernde Stress sollte daher für ein zuckerfreies Leben so weit wie möglich minimiert werden. Zu dem andauernden Stress gehören zum Beispiel die folgenden Situationen:

- eine Partnerschaft, die nicht so läuft, wie man es sich vorstellt
- eine Arbeit, die geistig sehr fordert
- andere Menschen in direkter Umgebung, die uns stressen
- eine schwere, körperliche Arbeit

Wer keine Zeit mehr für sich selbst findet, der steht unter Dauerstress. In einem solchen Fall ist es kein Wunder, dass zu viel Zucker aufgenommen wird, der das Gehirn belohnen soll. Daher muss als erstes der stressauslösende Punkt gefunden werden, dann kann dieser nach und nach minimiert werden. Manchmal geht es aber auch nicht anders, und es muss ein rigoroser Schlussstrich gezogen werden. So kann zum Beispiel die Arbeitsstelle gewechselt werden oder es steht die Trennung von Personen bevor, die einem selbst nicht guttun. Erst dann wird es aber auch gelingen, einen erhöhten Zuckerkonsum in den Griff zu bekommen und diesen zu reduzieren.

Es gibt allerdings auch Stresssituationen, die nicht geändert werden können. Hier muss gelernt werden, mit diesem Stress richtig umzugehen und diesen gegebenenfalls zu minimieren. So können folgende Maßnahmen auf lange Sicht helfen, den Stress zu reduzieren:

4.4.1 Stresssituationen benennen

Um das Stressproblem angehen zu können, muss als erstes herausgefunden werden, in welchen Situationen dieser entstanden ist. Erst danach kann sich an die Problembehandlung gemacht werden. Stress kann beispielsweise dann entstehen, wenn die Arbeit überhandnimmt oder der Partner sich nicht so verhält, wie man es sich selbst gerne wünscht. Auch zu viele Termine (beruflicher wie auch privater Natur), die auf einen warten, können Stress-Symptome auslösen. Ebenfalls kann Langeweile ein großer Stressfaktor sein. Wer zu wenig zu tun hat oder sich einsam fühlt, kann ebenso in die Stressfalle geraten. Daher ist es besonders wichtig, tief in sich hineinzuschauen und hier vor allem auch absolut ehrlich zu sich selbst zu sein.

Erst wenn der Auslöser für Stress gefunden wurde, kann hiergegen sinnvoll vorgegangen werden.

4.4.2 Sport treiben

Auch wer eigentlich ein Sportmuffel ist und es sich lieber vor dem Fernseher oder mit einem guten Buch auf der Couch gemütlich macht, sollte wöchentliche Sportstunden einlegen. Hierzu muss kein Leistungssport betrieben werden, es reicht schon, wenn regelmäßig Spazierengehen, Schwimmen, Tanzen oder Walking auf dem Plan stehen. Durch die sportliche Betätigung werden im Gehirn Substanzen freigesetzt, die ein Gefühl der Entspannung und Zufriedenheit vermitteln. Wichtig ist hierbei die Regelmäßigkeit, also mindestens einmal pro Woche, gerne auch öfter.

4.4.3 Atemübungen

Tiefenatmung kann ebenfalls bei Stressabbau helfen. Diese wird vor allem bei einer Meditation, Yoga oder Tai-Chi erforderlich. Jeder kann die Atemübungen aber auch selbst machen, indem er sich ruhig und entspannt hinsetzt, die Augen schließt und sich nur noch auf die Atmung konzentriert. Auch hierbei ist die Regelmäßigkeit entscheidend.

4.4.4 Probleme ansprechen

Ein ganz wichtiger Aspekt, wenn es um Abbau von Stress geht, ist das Ansprechen von ungeklärten Problemen. Wird mit einer Bezugsperson, wie zum Beispiel einem/einer guten Freund(in) oder dem/der Partner(in) über die Belastung gesprochen, dann kommt es zu einer klareren Situation; die Probleme sind gar nicht mehr so groß und der Stress lässt schnell nach.

4.4.5 Nein-Sagen lernen

Ganz wichtig, um nicht in die Stressfalle zu geraten ist, Nein-Sagen zu lernen. Denn wer zu gutmütig ist, wird schnell ausgenutzt, was sich dann auch auf die Psyche und den Körper auswirkt. Der Verlierer hierbei sind Sie ganz alleine. Daher, es ist nicht schlimm, auch mal nein zu sagen.

4.5 Gruppenzwang minimieren

Schwer wird es, den Gruppenzwang zu überwinden. Das heißt, Sie sind der Einzige, der zuckerfrei leben möchte. Zucker ist in vielen Dingen enthalten wie auch in Alkohol und Fast-Food.

Und gerade hierbei kann es schwer werden, wenn Sie mit Freunden unterwegs zum Feiern sind, darauf zu verzichten. Denn wer keinen Alkohol trinkt oder leckeres, fertiges Essen verschmäht, wird in der heutigen Zeit gerne ausgeschlossen. Gerade in einer Gruppe warten viele Verführungen, die es schwer machen, auf Zucker ganz zu verzichten. Doch auf Zucker und gleichzeitig auf Freunde zu verzichten, macht einsam. Wer jedoch standhaft auch gegenüber seinen Bekannten und Freunden für seine eigenen Grundsätze eintritt, der wird respektiert. Hierzu muss die eigene Entscheidung, auf Zucker ganz zu verzichten aber auch von Herzen kommen. Die richtigen Freunde werden dies verstehen und helfen, die eigenen Vorsätze durchzuziehen. Menschen, die den Zuckerverzicht jedoch nicht verstehen wollen, sollten in der Zukunft soweit es geht gemieden werden. Das ist zum Beispiel unter Kollegen nicht immer einfach, aber machbar. Hier wird dann die Unterhaltung nur noch auf die Arbeit und das Wesentliche beschränkt. In der Freizeit werden nur noch Bekannte und Freunde getroffen, die den Zuckerverzicht unterstützen und nicht ständig mit Verführungen locken. Wer daher zu seinem

Vorhaben mit ganzem Herzen steht, der kann auch andere davon überzeugen und wird nicht belächelt oder umgestimmt.

4.6 Weitere Tipps und Tricks zur Entwöhnung

Als erstes ist es wichtig herauszufinden, wann es zu einem Zuckerverzehr kommt. Oft ist es einfach nur Gewohnheit, wenn nach etwas Süßem gegriffen wird. So muss diese ins Gegenteil gekehrt und es zur Gewohnheit gemacht werden, keinen Zucker zu essen. Daher ist das frisch und selbst Kochen auch so wichtig, wenn auf Zucker verzichtet werden soll. Direkt einen ganzen Schnitt zu machen und von einem zum anderen Tag keinen Zucker mehr aufzunehmen, kann jedoch sehr schwer werden. Nach wenigen Tagen werden der Hype und der Süßhunger zu hoch. Daher sollte auch langsam von einer zuckerreichen auf eine zuckerarme Ernährung umgestellt werden. Gerade wer es gewohnt ist, dass alles, was er verzehrt, zumindest einen leichten süßen Geschmack hat für den wird es ungewohnt, wenn die Süße fehlt. Konsequenz zahlt sich hierbei jedoch aus. So geht es einfach in fünf Schritten, ganz auf Zucker zu verzichten und diesen auch gar nicht mehr zu vermissen:

4.6.1 Nur noch Wasser trinken

Der Sinn hierbei ist, auf alle süßen Getränke, auch solche, die mit Süßstoff gesüßt wurden, zu verzichten. Denn nur so wird der Geschmackssinn wieder in die richtige Richtung gelenkt. Die Geschmacksnerven, die an zu viel Zucker gewöhnt sind, können andere Geschmäcker gar nicht mehr richtig wahrnehmen. So ist das Geschmacksempfinden bereits auf Süß eingestellt, die Sensibilität für das Süße sinkt, es wird nicht mehr richtig wahrgenommen.

4.6.2 Natürlichen Geschmack und Aroma erkennen

Nach einem längerfristigen Zeitraum mit erhöhtem Zuckerkonsum muss erst wieder gelernt werden, den natürlichen Geschmack und das natürliche Aroma eines frischen Lebensmittels zu erkennen. Hierzu gehört es beispielsweise Obst bewusst zu essen und sich hier auf den natürlichen Geschmack zu konzentrieren. Denn auch wenn es sich um dieselbe Sorte Obst handelt, so schmeckt diese aus jedem Anbau anders. Auf diese Weise, wenn das Essen ohne Zucker frisch zubereitet wird, kann auch schnell erkannt werden, welches Lebensmittel schmeckt und welches nicht.

4.6.3 Zucker in der eigenen Ernährung erkennen

Jeder hat so seine Vorlieben, wie das Stück Kuchen am Nachmittag, das Marmeladenbrötchen zum Frühstück aber auch die Pizza am Abend. Über diese Essgewohnheiten muss nachgedacht werden, wenn auf Zucker ganz verzichtet werden soll. Daher ist es auch besonders wichtig, bei jedem industriell hergestellten Lebensmittel auf die Verpackung zu schauen, wie viel Zucker hierin überhaupt enthalten ist. Wichtig ist hierbei, dass jede Zuckerform am Namen erkannt wird. Diese Lebensmittel sollten dann so weit wie möglich aus der Küche und den Schränken verbannt werden.

4.6.4 Auch auf Süßstoffe verzichten

Damit sich der eigene Geschmackssinn daran gewöhnt, ohne Süßes und Zucker auszukommen, sollte ebenfalls auf Süßstoffe verzichtet werden. Auch wenn diese nicht die schlechten Einflüsse des Zuckers auf den Körper haben, so schmecken sie dennoch extrem und übertrieben süß, wie es in natürlichen Lebensmitteln nicht der Fall ist.

4.6.5 Sich stets die Zuckermengen vor Augen führen

Wer sich vorstellt, wie viel Zucker er mit einem industriell hergestellten Lebensmittel zu sich nimmt, wird entsetzt sein. Dies ist ein weiterer wichtiger Punkt zur Entwöhnung von Zucker. Denn das "Vor Augen halten" ist die beste Lösung, um auf Fertigprodukte und Süßes ganz zu verzichten. So kann schnell der Appetit auf das Süße vergehen, wenn Sie sich bildlich vor Augen halten, wie viel Zucker zum Beispiel in den süßen Teilchen in der Auslage des Bäckers steckt.

5. Vorteile eines zuckerfreien Lebens

Es gibt viele Vorteile, wenn auf Zucker ganz oder zumindest auch nur teilweise verzichtet wird. So wird das Risiko von Diabetes, Gicht, Osteoporose, Bluthochdruck, Fettleibigkeit und auch Karies um ein Vielfaches gesenkt. Doch die zuckerfreie Ernährung bringt noch viel mehr Vorteile mit sich.

Der Körper fühlt sich gesünder und fitter an

Viel zu viel Zucker essen die Deutschen über das Jahr verteilt. Hochrechnungen zufolge kommt jeder Deutsche auf 40 Kilo Zucker im Jahr. Dass diese Menge zu den verschiedenen Krankheiten, wie Übergewicht, Diabetes, Herz-Kreislauf-Erkrankungen und Karies führt, das ist mittlerweile hinreichend bekannt. Doch auch an Hyperaktivität, Problemen mit dem Magen- und Darmtrakt sowie Knochenschwund, Antriebsschwäche, Müdigkeit, Depressionen und einem geschwächten Immunsystem ist oft der hohe Zuckerkonsum schuld.

Hinzu kommt, dass Zucker im Körper einen sauren Haushalt unterstützt, ein Ungleichgewicht im Säure-Basen-Haushalt bedingt durch eine Übersäuerung Krankheiten jedoch begünstigen kann. So fühlen wir uns energielos, müde und schlapp, der Körper ist anfälliger für Kopfschmerzen oder Erkältungen. Eine zuckerfreie Ernährung hingegen hilft dabei, dass der Säure-Basen-Haushalt wieder ins Gleichgewicht kommt. Hinzu kommt ein konstanter Blutzuckerspiegel, Heißhungerattacken und Lust auf Süßes bleiben mit der Zeit aus.

5.2 Mehr Energie durch zuckerfreie Ernährung

Dass die Aufnahme von zu viel Zucker schläfrig und träge macht, ist bekannt. Sobald der Insulinspiegel durch die ständige Aufnahme von Zucker immer wieder nach oben schnellt, wird Tryptophan ausgeschüttet. Dieses wird zwar vom Körper in das

Glückshormon Serotonin gewandelt, führt aber auch dazu, dass Müdigkeit entsteht.

Wird hingegen zuckerfreie und vollwertige Kost aufgenommen, erhält der Körper hierdurch mehr Eisen, Vitamine, Proteine, Wasser und Antioxidantien, die diesen mit viel Energie versorgen.

5.3 Die Konzentrationsfähigkeit wird gesteigert

Auch auf das menschliche Gehirn hat ein hoher Zuckerkonsum einen großen Einfluss. So führt die übermäßige Aufnahme von Zucker häufig zu Konzentrationsschwierigkeiten. Gerade bei Kindern zeigt sich der erhöhte Zuckerkonsum dadurch, dass diese manchmal sogar hyperaktiv reagieren. Da der Blutzuckerspiegel aber ebenso schnell wieder abfällt, wie er angestiegen ist, kommt es danach zu Konzentrationsschwächen und Müdigkeit.

Wer daher auf Zucker verzichtet wird bereits nach kurzer Zeit merken, dass er konzentrierter ist und sich viel mehr Dinge merken kann. Kinder lernen in der Schule so auch einfacher und kommen besser mit dem Schulstoff mit, da sie sich auf den Unterricht besser konzentrieren können.

5.4 Auswirkungen auf das Aussehen

Wer sich zuckerfrei ernährt, kann auch sein äußeres Erscheinungsbild verjüngen und verbessern. Zucker raubt dem Körper wichtige Vitamine und Mineralien, was sich nach Außen in einem Alterungsprozess der Haut zeigen kann. Zudem haften sich die Zuckermoleküle an die Kollagenfasern der Haut, die so ihre Geschmeidigkeit verlieren, es treten vermehrt Hautalterungen und Falten auf. Wer auf Zucker verzichtet, verjüngt somit auch sein Aussehen - Falten werden gemindert und die Haut wird geschmeidiger.

5.5 Bei zuckerfreier Ernährung kommt es zu Gewichtsverlust

Zucker besitzt als Kohlenhydrat sehr viele Kalorien, die Übergewicht unterstützen. Wird daher weitgehend bis ganz auf die Zuckeraufnahme verzichtet, führt dies unweigerlich zu einer langfristigen Gewichtsreduktion. Denn auch der Jo-Jo-Effekt wird bei einer Umstellung auf eine zuckerfreie Ernährung ganz ausbleiben. Gerade Übergewicht und Fettleibigkeit unterstützen viele andere Krankheiten wie Arthrose, Krebs und Diabetes, aber auch Herz-Kreislauf-Erkrankungen. Wird das Gewicht gesenkt, sinkt auch das Risiko zu erkranken.

5.6 DIE ZÄHNE SIND GESÜNDER

Der Zucker in Süßigkeiten greift den Zahnschmelz an, das weiß jeder. Doch auch der Zucker, der sich in den industriell hergestellten Lebensmitteln befindet, schadet den Zähnen. Karies entsteht dann, wenn der in der Nahrung enthaltene Zucker in Milchsäure umgewandelt wird. Wird nun gar kein Zucker mehr aufgenommen, dann wird auch das Kariesrisiko um ein Vielfaches gesenkt.

5.7 Weniger depressive Stimmungen

Wer längerfristig auf Zucker verzichtet, gerät auch nicht mehr in die psychische Spirale, bei der vor allem Männer bei vermehrtem Zuckerkonsum an Depressionen erkranken können. Und auch, wer nicht unter Depressionen leidet, fühlt sich nach dem Verzicht von Zucker deutlich fröhlicher. Dies liegt vor allem auch daran, dass der Körper insgesamt fitter und energiegeladener ist. Wer sich in seiner Haut wohl fühlt, der gerät weniger in schlechte Stimmung. Das ewige Auf und Ab von "Himmelhoch jauchzend bis zu Tode betrübt" vergeht von allein, wenn die extremen Blutzuckerschwankungen, die auf einen hohen Zuckerkonsum zurückzuführen sind, aufhören.

SCHLUSSWORT

Wenn der Zucker bereits ein suchtähnliches Verhalten auslöst, dann hilft hier nur der radikale Schnitt. Doch dieser löst in der Regel Symptome aus und das Verlangen nach etwas Süßem wird übermäßig. Der Körper benötigt keinen Zucker, dennoch will er immer mehr. So kann es auch bei einem kurzfristigen Verzicht auf Zucker bereits zu Entzugserscheinungen kommen, die allerdings überwunden werden können.

So gehören neben dem Wunsch nach etwas Süßem, der vor allem aus einer liebgewonnenen Gewohnheit herrührt, auch Kopfschmerzen zu den oft auftretenden Symptomen bei einem Zuckerverzicht. Auch kann es in den ersten Tagen zu Müdigkeit kommen, wenn das gewohnte Stück Kuchen am Nachmittag entfällt. Dem kann jedoch mit einem kurzen Mittagsschlaf entgegengesetzt werden.

Vor allem der Gesundheit und dem eigenen Wohlbefinden zu Liebe sollte dennoch konsequent auf Zucker so weit wie möglich verzichtet werden. Denn die Aufnahme von zu viel Zucker schadet und macht auf Dauer krank. Wer zuckerfrei lebt, kann daher ein längeres Leben mit weniger Krankheiten erwarten.

Zudem ist der eigene Körper insgesamt fitter und energiegeladener. Dies kann im Alltag von großem Vorteil sein. Dennoch ist es eine große Umstellung für die eigene Psyche, auf Zucker ganz zu verzichten. Denn nicht nur, dass Süßes lecker ist und unser Gehirn belohnt. Es muss bei einem Zuckerverzicht auch auf vieles verzichtet werden. So muss das Feierabendbier einem gesunden, ungesüßten Tee oder einem Mineralwasser weichen. Auch auf das Glas Wein beim Essen muss verzichtet werden. Jeden Tag muss frisch gekocht werden, die Bestellung in der Pizzeria entfällt hier ebenfalls völlig. Doch wer die ersten Wochen zuckerfrei geschafft hat, gewöhnt sich auch an die Umstände. Denn wie bei allem im Leben ist es auch beim Zuckerverzicht nur eine Gewöhnungssache.

Und die Vorteile eines besseren Lebens ohne Zucker liegen hier auch klar auf der Hand. Die Konzentration und das Gedächtnis werden besser, der Körper wird leistungsfähiger und energiegeladener, es wird nicht mehr so viel Schlaf benötigt, die Pfunde purzeln ganz von selbst und das Aussehen wird attraktiver, da die Haut sich regenerieren kann.

Daher sollte jeder, der sich müde und ausgelaugt fühlt, seinen Zuckerkonsum reduzieren bis ganz abstellen. Denn unsere körperliche und geistige Gesundheit ist wichtiger, als alles andere. Und Genuss kann auch ohne Zucker verspürt werden, wenn die richtigen Lebensmittel und Zutaten eingesetzt werden, so dass hier auf nichts verzichtet werden muss.

IMPRESSUM

Superior Lifestyle Experts werden vertreten durch:

Shirzad Ahmad

Simmeringer Hauptstrasse 215/230

1110 Wien

Österreich

superior.lifestyle_experts@aol.com

QUELLEN

www.suedzucker.de/de/Unternehmen/Geschichte_1/Geschichte_des_Zuckers/

https://www.apotheken-umschau.de/Ernaehrung/Suechtig-nach-Zucker-175443.html

https://utopia.de/ratgeber/versteckter-zucker-in-lebensmitteln-zuckerfallen/

https://www.oekotest.de/essen-trinken/34-Lebensmittel-mit-verstecktem-Zucker-im-Test_107701_1.html

https://www.healthline.com/health/dextrose

https://www.miomedi.de/ernaehrung/naehrstoffe/kohlenhydrate/saccharose.html

https://www.vitamine.com/lebensmittel/malzzucker/

https://www.zentrum-der-gesundheit.de/fruchtzucker.html

https://www.apotheken-umschau.de/Ernaehrung/Suessstoff-oder-Zucker-Was-ist-besser-538431.html

https://www.zentrum-der-gesundheit.de/zucker.html

https://www.vital.de/gesunde-ernaehrung/zucker/artikel/die-auswirkung-von-zucker-auf-den-darm

https://www.femelle.ch/wellness/ernaehrung/leben-ohne-zucker-tipps-fuer-die-zuckerfreie-ernaehrung-2362

www.ernaehrung-ohne-zucker.de/vorteile-zuckerfreie-ernaehrung/

https://www.zentrum-der-gesundheit.de/stress-reduzieren-ia.html

https://nachrichten.zentrum-der-gesundheit.de/zucker-foerdert-herzkrankheiten-171004062.html

www.gesundheitundwissenschaft.com/2017/09/zucker-ist-schlecht-fur-die-psyche.html

www.rp-online.de/leben/gesundheit/psychologie/depression/zucker-beguenstigt-depressionen-aid-1.7043742

27705017R00040

Printed in Poland
by Amazon Fulfillment
Poland Sp. z o.o., Wrocław